ISSN 0371-327X

SITZUNGSBERICHTE DER SÄCHSISCHEN AKADEMIE
DER WISSENSCHAFTEN ZU LEIPZIG

Mathematisch-naturwissenschaftliche Klasse
Band 114 · Heft 5

FRIEDRICH WOLF
SONJA ECKERT
MAGDALENE WEISE ·
SABINE LINDAU

UNTERSUCHUNGEN ZUR SYNTHESE UND ANWENDUNG BIPOLARER IONENAUSTAUSCHERHARZE

Mit 6 Tabellen

AKADEMIE-VERLAG · BERLIN
1980

Vorgetragen in der Sitzung vom 8. Juni 1979
Manuskript eingeliefert am 7. August 1979
Druckfertig erklärt am 10. August 1980

Erschienen im Akademie-Verlag, DDR-1080 Berlin, Leipziger Straße 3–4

Lizenznummer: 202 · 100/572/80
Gesamtherstellung: VEB Druckhaus „Maxim Gorki", 7400 Altenburg
Bestellnummer: 762 854 0 (2027/114/5) · LSV 1215
Printed in GDR
DDR 2,– M

UNTERSUCHUNGEN ZUR SYNTHESE UND ANWENDUNG BIPOLARER IONENAUSTAUSCHER

Ziel unserer Untersuchungen war die Synthese bipolarer, an einer organischen Matrix sowohl Sulfonsäure- als auch Trimethylammoniumgruppen enthaltender Ionenaustauscherharze sowie die Ermittlung ihres Schwermetall- und Molekülsorptionsvermögens. Diese Arbeiten sind im Zusammenhang mit der Entwicklung von Adsorbentien zu sehen, die für spezielle Aufgabenstellungen in der Wasseraufbereitung und Abwasserbehandlung von Interesse sind.

1. Synthese

Die Synthese der bipolaren Ionenaustauscherharze wurde wie folgt durchgeführt:

Als Polymermatrix dienten sowohl gel- als auch makroporöse mit ca. 3,5 Masse-% bzw. 5,5 Masse-% Divinylbenzol (DVB) vernetzte Styrol-Divinylbenzol-Copolymerisate der Korngröße 0,3—0,6 mm. In das jeweilige Ausgangsharz wurden im ersten Syntheseschritt die Sulfonsäuregruppen und im zweiten Syntheseschritt die Trimethylammoniumgruppen über den Zwischenschritt der Chlormethylierung nach im Prinzip bekannten und in der Ionenaustauscherharz-Produktion üblichen Methoden eingeführt. Dabei zeigte es sich, daß eine Chlormethylierung von Sulfonsäureharzen nur dann möglich ist, wenn letztere höchstens 50% der theoretisch möglichen Zahl an sauren Gruppen enthalten.

Die Sulfonierungsreaktion ist bei gegebener Korngröße insbesondere durch die Temperaturführung steuerbar.

So lassen sich beispielsweise halbsulfonierte Ionenaustauscherharze herstellen, wenn die Sulfierung mit 96%iger Schwefelsäure über die Dauer von 3 Stunden bei einer Temperatur von 55 °C $\pm$ 1 °C vorgenommen wird. Die so erzielbaren Kapazitäten an sauren Gruppen betragen zwischen 2,8—3,4 mval/g wasserfreies Ionenaustauscherharz. Durch anschließende Chlormethylierung mit Monochlordimethyläther und Aminierung des sauren Chlormethylates mit Trimethylamin resultieren bipolare Ionenaustauscherharze mit einer sauren Kapazität von 1,2—2,3 mval/g und einer basischen Kapazität von 1,0—2,4 mval/g wasserfreies Ionenaustauscherharz.

2. Metallionensorption

Von den bekannten monofunktionellen stark sauren Kationenaustauscherharzen werden im allgemeinen die Metallionen entsprechend ihrer Kapazität an sauren Gruppen aufgenommen, wobei diese in der Regel zu 80–90% ausgeschöpft wird. Unsere Untersuchungen zur Metallionensorption an bipolaren Ionenaustauscherharzen sollten zur Klärung der Frage beitragen, inwieweit dieser Kapazitätsausnutzungsgrad durch die Anwesenheit einer zweiten, entgegengesetzt geladenen Gruppe in der gleichen Matrix beeinflußt wird.

Für die Untersuchungen kamen die in Tab. 1 angeführten stark sauer/stark basischen bipolaren (Vernetzung ca. 3,5% DVB) und die als Vergleichsharze dienenden kommerziellen Ionenaustauscherharze (Wofatite) mit entsprechenden funktionellen Gruppen zum Einsatz. Ihr Metallionensorptionsvermögen wurde am Beispiel Cu^{2+}-, Cd^{2+}- und Zn^{2+}-Ionen (Me^{2+}-Ionen) aus wäßriger Lösung bestimmt.

Tabelle 1: Zur Metallionensorption eingesetzte Ionenaustauscherharze und ihre Kenngrößen

Ionenaustauscherharz	GGK_S	GGK_B	Wassergehalt
	in mval/g		in %
bp IAH A	2,0	2,1	56,0
bp IAH B	2,1	0,5	48,2
bp IAH C	1,8	2,1	45,8
bp IAH D	1,7	2,4	47,0
bp IAH E	1,6	2,3	48,8
bp IAH F	1,3	0,5	25,5
Wofatit KPS (4% DVB]	4,9	—	64,0
Wofatit SBW	—	3,7	57,3

bp IAH = bipolares Ionenaustauscherharz
GGK_S = Gesamtgewichtskapazität an sauren Gruppen in mval/g
GGK_B = Gesamtgewichtskapazität an basischen Gruppen in mval/g

Monofunktionelle Vergleichsharze:

Wofatit KPS (4% DVB) ist ein stark saures Kationenaustauscherharz (gelporös) mit Sulfonsäuregruppen.
Wofatit SBW ist ein gelporöses stark basisches Anionenaustauscherharz mit Trimethylammoniumgruppen.

Die Untersuchungen erfolgten im Batch-Verfahren unter vergleichbaren Bedingungen, wobei jeweils 1 g nutschenfeuchtes Harz (Beladungsformen der bipolaren Ionenaustauscherharze: H^+/Cl^- und Na^+/Cl^-, die der Vergleichsharze: H^+ und Na^+ bzw. Cl^- entsprechend für den Kationen- bzw. den Anionenaustauscher) mit 60 ml einer 2 mval Me^{2+}-Ionen enthaltenden Lösung (10 *ml* 0,1 m Me^{2+}-Salz + 50 *ml* Puffer bzw. Wasser) ins Gleichgewicht gebracht wurden (Kontaktzeit 48 Stunden). Zur Versuchsauswertung wurde die in Lösung verbliebene Metallionenmenge komplexometrisch bestimmt, und die vom Ionenaustauscherharz aufgenommene Menge m_{pr} in mval/g als Differenz zur in der Ausgangslösung enthaltenen Metallionenmenge ermittelt.

Die pH-Abhängigkeit der Cu^{2+}- und Cd^{2+}-Ionenaufnahme durch das bipolare Ionenaustauscherharz A (siehe Tab. 1) ergab, daß die Me^{2+}-Beladungshöhe dieses Harzes — wie auch die des Vergleichsharzes Wofatit KPS (4% DVB) — vom pH-Wert unabhängig ist. Daher wurden die weiteren Sorptionsversuche in ungepufferten wäßrigen Me^{2+}-Salzlösungen beim Eigen-pH derselben vorgenommen. Die unter diesen Bedingungen durch die eingesetzten Ionenaustauscherharze im Gleichgewicht aufgenommenen Me^{2+}-Mengen (m_{pr}) sind in Tab. 2 angeführt.

Um eine Aussage über die Mitwirkung der basischen Gruppe bei der Bindung der Me^{2+}-Ionen an die bipolaren Ionenaustauscherharze treffen zu

Tabelle 2: Metallionensorption der bipolaren Ionenaustauscherharze und der kommerziellen Vergleichsharze

Ionenaustauscherharz	GGK_S	GGK_B	m_{pr} in mval/g			$N_\varnothing$
	in mval/g		Cu^{2+}	Cd^{2+}	Zn^{2+}	in %
bp IAH A	2,0	2,1	1,8	1,9	—	ca. 90—95
bp IAH B	2,1	0,5	2,0	—	—	ca. 95
bp IAH C	1,8	2,1	1,4	1,5	1,0	ca. 60—80
bp IAH D	1,7	2,4	1,2	1,4	1,0	ca. 60—80
bp IAH E	1,6	2,3	1,0	—	—	ca. 60
bp IAH F	1,3	1,6	1,2	—	1,1	ca. 80—90
Wofatit KPS (4% DVB)	4,9	—	4,5	4,4	3,4	ca. 70—90
Wofatit SBW	—	3,7	0	0,05	0	ca. 1*)

*) bezogen auf die GGK_B
m_{pr} = Metallionenbeladungshöhe in mval/g
$N_\varnothing$ = durchschnittlicher Nutzungsgrad der vorhandenen GGK_S
Versuchsbedingungen: 1 g nutschenfeuchtes Harz + 10 *ml* 0,1 m Me^{2+}-Salzlösung + 50 *ml* Wasser
Verwendete Me^{2+}-Salze: $CuCl_2$, $CdCl_2$, $Zn(CH_3COO)_2$

können, wurden aus den Versuchsdaten die in Tab. 3 angeführten Effektivitäten ε, wie von MIKES und KOVACS [1] beschrieben, berechnet. Die Effektivität ist als Quotient aus der an bipolaren Ionenaustauschern praktisch erreichbaren Beladungshöhe m_{pr} und der theoretisch an diesen Harzen durch Vergleich mit dem Aufnahmevermögen der Vergleichsharze berechenbaren Beladungshöhe m_{th}:

$$\varepsilon = \frac{m_{pr}}{m_{th}}$$

definiert. Der Wert m_{th} errechnet sich nach der Beziehung:

$$m_{th} = a \cdot x + c \cdot y,$$

dabei bedeuten: a = Anionenaustauschkapazität GGK_B eines bipolaren Ionenaustauscherharzes, c = Kationenaustauschkapazität GGK_S des bipolaren

Tabelle 3: Effektivität ε an stark sauer/stark basischen bipolaren Ionenaustauscherharzen gegenüber Me^{2+}-Salzlösungen

Me^{2+}-Salz	x	y	bp IAH	GGK_S / GGK_B	m_{pr}	m_{th}	ε
	in %				in mval/g		
$CuCl_2$	0	92,4	B	4,8	2,0	1,96	1,0
			F	2,7	1,2	1,22	1,0
			A	0,95	1,8	1,84	1,0
			C	0,85	1,4	1,7	0,8
			D	0,7	1,2	1,53	0,75
			E	0,6	1,0	1,43	0,7
$CuSO_4$	0	91,0	F	2,7	1,2	1,2	1,0
			C	0,85	1,2	1,68	0,7
			D	0,7	1,2	1,51	0,8
$CdCl_2$	1,6	90,7	F	2,7	1,2	1,21	0,95
			A	0,95	1,9	1,82	1,1
			C	0,85	1,5	1,71	0,85
			D	0,7	1,4	1,54	0,9
$Zn(CH_3COO)_2$	0	69,9	F	2,7	1,1	0,92	1,2
			C	0,85	1,0	1,29	0,8
			D	0,7	1,0	1,16	0,85

Verwendete Symbole: siehe Text

Ionenaustauscherharzes, x = spezifische Me^{2+}-Ionenaufnahme des Vergleichsanionenaustauschers = $(m_{pr}/GGK_B) \cdot 100$ [%], y = spezifische Me^{2+}-Ionenaufnahme des Vergleichskationenaustauschers = $(m_{pr}/GGK_S) \cdot 100$ [%].

Aus den beschriebenen und in den Tab. 2 und 3 dargestellten Versuchsergebnissen lassen sich folgende Schlüsse ziehen:

1. Das Metallionensorptionsvermögen der bipolaren Ionenaustauscherharze ist unabhängig vom pH-Wert und von der Beladungsform der funktionellen Gruppen.
2. Der Träger der Metallionensorption ist die Sulfonsäure-Gruppe.
3. Der Grad der Kapazitätsausschöpfung der stark sauren Gruppen ($N_{\varnothing}$, siehe Tab. 2) ist bei bipolaren Ionenaustauscherharzen dem kommerzieller stark saurer Ionenaustauscherharze vergleichbar, sofern die Zahl der basischen Gruppen die Zahl der sauren nicht übersteigt und dieser vergleichbar oder kleiner ist. Die Kapazitätsausschöpfung beträgt zwischen 80 und 95%.
4. Wird das Verhältnis der Zahl der sauren Gruppen zur Zahl der basischen kleiner als 1, sinkt die Effektivität des Kationenaustausches unter 1, d. h. sind mehr basische als saure Gruppen vorhanden, wird der Kationenaustausch bzw. die Metallionensorption der bipolaren Ionenaustauscherharze mit wachsender Zahl der basischen Gruppen zunehmend behindert.
5. Kommerzielle stark saure Kationenaustauscherharze weisen im Vergleich zu den diesbezüglich günstigsten bipolaren Ionenaustauscherharzen (bp IAHA) aufgrund ihrer höheren Kapazität an sauren Gruppen ein mehr als doppelt so hohes Metallionensorptionsvermögen auf.
6. Aufgrund des dargelegten Verhaltens gegenüber Metallionen und der relativ aufwendigen Synthese erscheint der Einsatz von stark sauer/ stark basischen bipolaren Ionenaustauscherharzen für Zwecke der Wertmetallgewinnung und -rückgewinnung nicht aussichtsreich.

3. Molekülsorption

Neben der Frage der Metallionenselektivität der bipolaren stark sauer/stark basischen Ionenaustauscherharze sollte ebenfalls ihr Sorptionsvermögen für große organische Moleküle geprüft werden. Untersuchungen zur Molekülsorption an solchen bipolaren Ionenaustauscherharzen liegen unserer Kenntnis nach in der Literatur noch nicht vor. Als Substratmoleküle dienten hierzu Huminsäure, Farbstoffe des irakischen Dattelsaftes und das Antibiotikum

Turimycin. Die ausgewählten Konzentrationen der Substratlösungen waren die folgenden:

Huminsäure:	25 mg/l (Hersteller: Ferrak Berlin)
Dattelsaft:	20 g Dattelsaftkonzentrat/l (Hersteller: Dates Industries Co. P. L. S. C. Baghdad, Zusammensetzung: Festsubstanz: 72%; Feuchtigkeit: 28%; Gesamtzucker: 66%; Glukose: 37,6%; Vitamin A: 6,1 IU)
Turimycin:	1 g Turimycincitrat/l (Hersteller: VEB Jenapharm)

Tabelle 4: Für Molekülsorptionsuntersuchungen mit den Substraten Huminsäure, Dattelsaft und Turimycin ausgewählte bipolare und monofunktionelle Ionenaustauscherharze

Ionenaustauscherharze	GGK_S	GGK_B	GGK_{ges}	Porosität	funktionelle Gruppen	Beladungsform
	in mval/g					
bp IAHA	2,0	2,1	4,1	gelporös	Sulfonsäure/ Trimethylammonium	H^+Cl^- Na^+/Cl^-; Na^+/OH^-
bp IAH I	1,2	1,9	3,1	makroporös	Sulfonsäure/ Trimethylammonium	H^+/Cl^-; Na^+/Cl^-; Na^+/OH^-
Wofatit KPS	4,7	—	4,7	gelporös	Sulfonsäure	H^+; Na^+
Wofatit KS10	4,4	—	4,4	makroporös	Sulfonsäure	H^+; Na^+
Wofatit CA 20	9,0	—	9,0	makroporös	Carboxyl	H^+; Na^+
Wofatit SBW	—	3,7	3,7	gelporös	Trimethylammonium	OH^-; Cl^-
Wofatit ES	—	3,5	3,5	makroporös	Trimethylammonium	OH^-; Cl^-
Wofatit EA 60	—	3,8	3,8	makroporös	Trimethylammonium	OH^-; Cl^-

bp = bipolar
GGK_S = Gesamtgewichtskapazität an sauren Gruppen in mval/g wasserfreies Ionenaustauscherharz
GGK_B = Gesamtgewichtskapazität an basischen Gruppen in mval/g wasserfreies Ionenaustauscherharz
GGK_{ges} = Gesamtgewichtskapazität an stark sauren und stark basischen Gruppen in mval/g wasserfreies Ionenaustauscherharz

Für die Adsorptionsuntersuchungen wurden jeweils ein bipolarer Ionenaustauscher mit gel- bzw. makroreticularer Struktur in den Ionenbeladungsformen H^+/Cl^-; Na^+/Cl^- und Na^+/OH^- im Vergleich zu kommerziellen monofunktionellen Kationen- und Anionenaustauscherharzen in der H^+- und Na^+-Form bzw. in der OH^-- und Cl^--Form eingesetzt. In Tab. 4 sind die zur Prüfung gelangten Ionenaustauscherharze zusammengefaßt.

Die Versuchsdurchführung gestaltete sich folgendermaßen:

Eine Masse nutschenfeuchtes Harz, entsprechend 0,45 g wasserfreiem Ionenaustauscherharz, wurde mit 25 m*l* der entsprechenden Substratlösung 1 Stunde bei Raumtemperatur geschüttelt, und anschließend, nach Abtrennung des Adsorbens, die Gleichgewichtskonzentration der Filtrate spektralphotometrisch bestimmt. Die Substratkonzentrationen wurden bei folgenden Wellenlängen ermittelt:

Huminsäure: 400 nm
Dattelsaft: 400 nm
Turimycincitrat: 314 nm

Als Kenngröße für das Adsorptionsvermögen der Ionenaustauscherharze diente der Reinigungseffekt, RE, der als

$$RE[\%] = \frac{E_{\text{vor}} - E_{\text{nach}}}{E_{\text{vor}}} \cdot 100$$

E_{vor} = Extinktion der Substratlösung vor der Adsorption
E_{nach} = Extinktion der Substratlösung nach der Adsorption

definiert ist.

Für die ausgewählten Substratmoleküle wurden dabei folgende Ergebnisse erhalten:

a) Huminsäure

In Tab. 5 sind die für das Substratmolekül Huminsäure erhaltenen Ergebnisse zusammengefaßt.

Aus Tab. 5 ist ersichtlich, daß die Reinigungseffekte, die mit bipolaren Ionenaustauscherharzen gegenüber wäßrigen Huminsäurelösungen erzielbar sind, generell niedriger liegen als die unter vergleichbaren Versuchsbedingungen beim Einsatz monofunktioneller stark basischer makroporöser Adsorberharze. Dieser Effekt ist bei allen Beladungsformen der bipolaren Ionenaustauscherharze zu beobachten.

Tabelle 5: Huminsäureadsorption an bipolaren Ionenaustauscherharzen und kommerziellen stark basischen Anionenaustauscherharzen im Vergleich

Ionenaustauscherharz	GGK_S	GGK_B	GGK_{ges}	Porosität	Beladungsform	Reinigungseffekt in %
	in mval/g					
bp IAH A	2,0	2,1	4,1	gelporös	H^+/Cl^-	40
bp IAH G	1,7	1,1	2,8	gelporös	H^+/Cl^-	35
bp IAH H	1,2	1,0	2,2	gelporös	H^+/Cl^-	30
bp IAH I	1,2	1,9	3,1	makroporös	H^+/Cl^-	55
Wofatit EA 60	—	3,8	3,8	makroporös	Cl^-	80
Wofatit ES	—	3,5	3,5	makroporös	Cl^-	85

Tabelle 6: Turimycinadsorption an bipolaren Ionenaustauscherharzen und monofunktionellen Ionenaustauscherharzen

Ionenaustauscherharz	GGK_S	GGK_B	GGK_{ges}	Porosität	Beladungsform	Reinigungseffekt in %
	in mval/g					
bp IAH A	2,0	2,1	4,1	gelporös	H^+/Cl^-	75
					Na^+/Cl^-	88
					Na^+/OH^-	89
bp IAH I	1,2	1,9	3,1	makroporös	H^+/Cl^-	45
					Na^+/Cl^-	50
					Na^+/OH^-	53
Wofatit SBW	—	3,7	3,7	gelporös	OH^-	74
					Cl^-	7
Wofatit EA 60	—	3,8	3,8	makroporös	OH^-	68
					Cl^-	0
Wofatit KPS	4,7	—	4,7	gelporös	H^+	80
					Na^+	10
Wofatit KS 10	4,4	—	4,4	makroporös	H^+	97
					Na^+	25
Wofatit CA 20	9,0	—	9,0	makroporös	H^+	84
					Na^+	0

b) Dattelsaftfarbstoffe

Auch bei dem heterogen zusammengesetzten Substrat Dattelsaft sind monofunktionelle Ionenaustauscherharze für die Adsorption solcher polyfunktionellen höhermolekularen Farbstoffe geeigneter als die bipolaren Ionenaustauscherharze. Während bei Einsatz bipolarer Ionenaustauscherharze Reinigungseffekte an Dattelsaftlösungen maximal von 27% für gelporöse Harze und maximal 40% für makroreticulare Harze erzielt werden konnten, sind unter Verwendung stark basischer makroreticularer Ionenaustauscherharze unter vergleichbaren Bedingungen Reinigungseffekte bis zu 55% realisierbar. Für die Entfernung von Dattelsaftfarbstoffen aus ihren wäßrigen Lösungen sind Abmischungen von pulverförmigen Kationenaustauscherharzen und pulverförmigen Anionenaustauscherharzen besonders geeignet [2].

c) Turimycin

Die bei Einsatz des bezüglich seiner chemischen Struktur einheitlichen Antibiotikums Turimycin als Substrat für die bipolaren Ionenaustauscherharze und monofunktionellen Vergleichsharze erzielten Ergbnisse faßt Tab. 6 zusammen.

Tab. 6 zeigt, daß das bipolare Gelharz A ein Aufnahmevermögen für das Antibiotikum Turimycin besitzt, das dem der am besten geeigneten monofunktionellen Ionenaustauscherharze (Wofatit KS 10; H^+-Form) nahekommt. Dabei ist das Aufnahmevermögen des bipolaren Ionenaustauscherharzes nahezu unabhängig von seiner Ionenbeladungsform. Dies kann ein anwendungstechnischer Vorteil sein. Ein solches Verhalten steht im Gegensatz zu dem der monofunktionellen Ionenaustauscherharze, bei denen die Salzformen nicht in der Lage sind, das Antibiotikum zu adsorbieren. Das gleiche Erscheinungsbild zeigt sich auch beim makroreticularen bipolaren Austauscherharz; auch dieses Harz adsorbiert Turimycin unabhängig von seiner jeweiligen Ionenbeladungsform, wenn auch in geringerem Maße als das gelporöse Ionenaustauscherharz und die besten kommerziellen Vergleichsharze. Allerdings ist die Gewichtskapazität an sauren Gruppen mit 1,2 mval/g wasserfreies Ionenaustauscherharz, die unserer Meinung nach dominierend die Adsorption des Antibiotikums bestimmt, bei diesem bipolaren Ionenaustauscherharz geringer als die des gelporösen Produktes, welches eine Gesamtgewichtskapazität von 2,0 mval/g saurer Gruppen pro g wasserfreies Ionenaustauscherharz aufweist. Die mit dem Substrat Turimycin erhaltenen Ergebnisse führen weiterhin zu der Schlußfolgerung, daß außerdem ein Zusammenhang zwischen der Gesamt-Ionenaustauschkapazität des bipolaren Ionenaustauscherharzes und der erzielbaren Adsorptionsleistung besteht:

Bipolares Ionenaustauscherharz A: $GGK_{ges} = 4{,}1$ mval/g; $RE =$ ca. 84%
Bipolares Ionenaustauscherharz I: $GGK_{ges} = 3{,}1$ mval/g; $RE =$ ca. 50%

5. Zusammenfassung

Bipolare Ionenaustauscherharze, die an einer organischen Matrix sowohl stark saure Sulfonsäure- als auch stark basische Trimethylammoniumgruppen tragen, mit sauren Kapazitäten von 1,2 bis 2,3 mval/g und basischen Kapazitäten von 1,0 bis 2,4 mval/g wasserfreies Ionenaustauscherharz sind durch Halbsulfonierung eines Styrol-Divinylbenzol-Copolymerisates und anschließende Chlormethylierung und Aminierung des Sulfonsäureionenaustauscherharzes herstellbar.

Der Einsatz dieser bipolaren Ionenaustauscherharze zur Metallionensorption (am Beispiel der Kupfer-, Cadmium- und Zinkionenaufnahme untersucht) ergab, daß die Sulfonsäuregruppen des bipolaren Ionenaustauscherharzes die Metallionenaufnahme bestimmen, wie anhand von zum Vergleich eingesetzten sauren und basischen monofunktionellen Ionenaustauscherharzen gezeigt werden konnte. Sowohl die bipolaren Ionenaustauscherharze als auch das monofunktionelle Kationenaustauscherharz weisen eine Kapazitätsausnutzung der sauren Gruppe von ca. 80—95% auf. Dabei wirken die sauren Gruppen der bipolaren Ionenaustauscherharze unabhängig von der basischen Gruppe, solange das Verhältnis Gesamtgewichtskapazität an sauren Gruppen/Gesamtgewichtskapazität an basischen Gruppen = 1 nicht unterschritten wird. Bei Verhältnissen unter 1 wirkt sich die Anwesenheit der basischen Ankergruppen mit steigender Zahl der basischen Gruppen zunehmend störend auf die Ausnutzung der sauren Kapazität aus.

Molekülsorptionsuntersuchungen an den bipolaren Ionenaustauscherharzen ergaben, daß diese Ionenaustauscherharze zur Entfernung höhermolekularer Farbstoffmoleküle (wie Huminsäure und Dattelsaftfarbstoffe) weniger gut geeignet sind als entsprechende monofunktionelle kommerzielle Adsorberharze oder pulverförmige Ionenaustauscherharzabmischungen.

Dahingegen zeigen die beschriebenen bipolaren Ionenaustauscherharze (stark/sauer/stark basisch), unabhängig von der jeweiligen Ionenbeladungsform, ein Aufnahmevermögen für das Antibiotikum Turimycin, das mit der Aufnahmekapazität von heute in der Pharmazie verwendeten monofunktionellen schwach sauren Ionenaustauscherharzen vergleichbar ist.

5. Literatur

[1] J. A. Mikes, L. J. Kovacs, J. Polymer Sci. **59**, 209—214 (1962)
[2] F. Wolf, S. Lindau, S. Eckert, DDR-Patent 132922 (1977)

SITZUNGSBERICHTE DER SÄCHSISCHEN AKADEMIE DER WISSENSCHAFTEN ZU LEIPZIG

MATHEMATISCH-NATURWISSENSCHAFTLICHE KLASSE

Band 109

Heft 1 Prof. Dr. ERICH RAMMLER, Über die Theorien der Braunkohlenbrikettentstehung
1970. 38 Seiten – 13 Abb., davon 2 auf 2 Tafeln – 8° – M 4,–

Heft 2 Prof. Dr. WOLFGANG TUTSCHKE, Stammfunktionen komplexwertiger Funktionen
1970. 20 Seiten – 8° – M 3,70

Heft 3 Dr. habil GÜNTHER EISENREICH, Zur Syzygientheorie und Theorie des inversen Systems perfekter Ideale und Vektormodule in Polynomringen und Stellenringen 1970. 88 Seiten – 8° – M 10,80

Heft 4 Prof. Dr. med. ROLF EMMRICH, Hochdruck und Hyperlipidämie (Hypercholesterinämie) als Risikofaktoren für die Entstehung der Arteriosklerose
1971. 23 Seiten – 10 Abbildungen – 4 Tabellen – 8° – M 3,90

Heft 5 Prof. Dr. HANS DRISCHEL, Biologische Rhythmen
1972. 57 Seiten – 31 Abbildungen – 1 Tabelle – 8° – M 6,60

Heft 6 Prof. Dr.-Ing. Dr. h. c. KURT SCHWABE, Konzentrierte Elektrolytlösungen – Thermodynamische und kinetische Eigenschaften 1972. 49 Seiten – 27 Abbildungen – 2 Tabellen – 8° – M 7,50

Heft 7 Prof. Dr. WOLFGANG TUTSCHKE, Konstruktion von globalen Lösungen mit vorgeschriebenen Singularitäten bei partiellen komplexen Differentialgleichungssystemen 1972. 24 Seiten – 8° – M 4,50

Band 110

Heft 1 Prof. Dr. h. c. PAUL GÖRLICH, Über die Laser und ihre Anwendung
1972. 24 Seiten – 8° – M 2,30

Heft 2 Prof. Dr. HASSO ESSBACH, Zum Problem der Tumoren im Kindesalter
1972. 24 Seiten – 11 Abbildungen auf 10 Kunstdrucktafeln – 8° – M 6,–

Heft 3 Prof. Dr. med. WALTER BREDNOW, Zur Anthropologie des Schwindels
1973. 17 Seiten – 2 Abbildungen auf 2 Kunstdrucktafeln – 8° – M 2,50

Heft 4 Prof. Dr. h. c. PAUL GÖRLICH, Betrachtungen über den Wissenschaftlichen Gerätebau
1972. 39 Seiten – 8° – M 3,–

Heft 5 Prof. Dr. ERICH RAMMLER, Einige Betrachtungen über Erdgas
1974. 43 Seiten – 8 Abbildungen – 3 Tabellen – 8° – M 4,50

Heft 6 Prof. Dr. GUSTAV E. R. SCHULZE, Zur Rolle des Einfachheitsprinzips im physikalischen Weltbild
1974. 23 Seiten – 4 Abbildungen – 8° – M 2,50

Heft 7 Prof. Dr. med. ROLF EMMRICH, Zwischen Leben und Tod. Ärztliche Probleme der Thanatologie
1974. 22 Seiten – 2 Abbildungen – 4 Tabellen – 8° – M 3,50

Band 111

Heft 1 Prof. Dr. WILHELM MAIER, Vom Erbe Bernhard Riemanns 1975. 16 Seiten – 8° – 2,50

Heft 2 Prof. Dr. med. HANS DRISCHEL, Organismus und geophysikalische Umwelt
1975. 50 Seiten – 25 Abbildungen – 1 Tabelle – 8° – M 7,–

Heft 3 Prof. Dr. MARIA HASSE, Zum Begriff des allgemeinen Produkts von Kategorien
1975. 32 Seiten – 8° – M 5,–

Heft 4 Prof. Dr.-Ing. Dr. h.c. KURT SCHWABE, Analytische Probleme des Umweltschutzes
1975. 28 Seiten — 9 Abbildungen — 2 Tabellen — 8° — M 3,50

Heft 5 Prof. Dr. WOLFGANG BUCHHEIM, Die kopernikanische Wende und die Gravitation
1975. 36 Seiten — 2 Farbtafeln — 8° — M 5,—

Heft 6 Prof. Dr. HERMANN BERG, Photopolarographie und Photodynamic
1975. 19 Seiten — 2 Abbildungen — 2 Tabellen — 8° — M 3,—

Heft 7 Prof. Dr. MANFRED GERSCH, Probleme der Insektizide aus heutiger Sicht
1976. 36 Seiten — 9 Abbildungen — 2 Tabellen — 8° — M 4,—

Band 112

Heft 1 Prof. Dr. WALTER BREDNOW, Spiegel, Doppelspiegel und Spiegelungen — eine „wunderliche Symbolik“ Goethes 1975. 28 Seiten — 4 Abbildungen — 8° — M 3,—

Heft 2 Prof. Dr. ARTUR LÖSCHE, Über negative absolute Temperaturen. Eine Einführung
1976. 26 Seiten — 12 Abbildungen — 8° — M 4,—

Heft 3 Prof. Dr. med. HERBERT JORDAN, Kurorttherapie: Prinzip und Probleme
1976. 31 Seiten — 10 Abbildungen — 1 Tabelle — 8° — M 4,50

Heft 4 Prof. Dr. FRIEDRICH WOLF/Dr. PETER FRÖHLICH, Zur Druckabhängigkeit von Ionenaustauschreaktionen 1977. 13 Seiten — 6 Abbildungen — 1 Tabelle — 8° — M 2,—

Heft 5 Prof. Dr. DIETRICH UHLMANN, Möglichkeiten und Grenzen einer Regenerierung geschädigter Ökosysteme 1977. 50 Seiten — 20 Abbildungen — 2 Tabellen — 8° — M 6,50

Heft 6 Prof. Dr. ERICH RAMMLER, Zwei Jahrzehnte Entwicklung des Einsatzes der Energieträger Kohle und Erdöl im Weltmaßstab 1977. 29 Seiten — 6 Abbildungen — 4 Tabellen — 8° — M 4,—

Heft 7 Prof. Dr. ULRICH FREIMUTH, Umweltprobleme in der Ernährung
1977. 32 Seiten — 3 Abbildungen — 4 Tabellen — 8° — M 4,—

Band 113

Heft 1 Prof. Dr. ERICH LANGE, Allgemeingültige Veranschaulichung des II. Hauptsatzes
1978. 22 Seiten — 10 graph. Darst. — 8° — M 4,—

Heft 2 Prof. Dr. HERBERT BECKERT, Bemerkungen zur Theorie der Stabilität
1977. 19 Seiten — 8° — M 2,50

Heft 3 Prof. Dr. sc. KLAUS DÖRTER, Probleme und Erfahrungen bei der Entwicklung einer intensiven landwirtschaftlichen Produktion im Landschaftsschutzgebiet des Harzes
1978. 20 Seiten — 6 Abbildungen, davon 4 farbige auf 2 Tafeln — 2 Tabellen — 8° — M 7,—

Heft 4 Prof. Dr. sc. med. HANS DRISCHEL, Elektromagnetische Felder und Lebewesen
1978. 31 Seiten — 14 Abbildungen — 2 Tabellen — 8° — M 5,—

Heft 5 Prof. Dr. MANFRED GERSCH, Wachstum und Wachstumsregulatoren der Krebse. Biologische Erkenntnisse und generelle Erwägungen.
1979. 32 Seiten — 13 Abbildungen — 1 Tabelle — 8° — M 6,—

Heft 6 Prof. Dr. rer. nat. FRIEDRICH WOLF / Dr. rer. nat. URSULA KOCH, Über den Einfluß der chemischen Struktur von Dispersionsfarbstoffen auf deren Dispersionsstabilität
1979. 18 Seiten — 3 Abbildungen — 10 Tabellen — 8° — M 3,50

Heft 7 Prof. Dr. rer. nat. FRIEDRICH WOLF / Dr. rer. nat. WOLFGANG HEYER. Zur Sorption an Tetracalciumaluminathydroxysalzen *In Vorbereitung*

Band 114

Heft 1 Prof. Dr. HASSO ESSBACH, Morphologisches zur orthologischen und pathologischen Differenzierung und zum Anpassungs- und Abwehrvermögen der menschlichen Placenta
1980. 19 Seiten — 12 Abbildungen — 8° — M 4,—

Heft 2 Prof. Dr. med. WERNER RIES, Risikofaktoren des Alterns aus klinischer Sicht
1980. 19 Seiten — 9 Abbildungen, davon 1 Abbildung auf Tafel — 8° — M 4,—

Heft 3 Prof. Dr. OTT-HEINRICH KELLER, Anschaulichkeit und Eleganz beim Alexanderschen Dualitätssatz 1980. 19 Seiten — 8° — M 4,—

Heft 4 Prof. Dr. rer. nat. BENNO PARTHIER, Die cytologische Symbiose am Beispiel der Biogenese von Zellorganellen *In Vorbereitung*

Heft 5 Prof. Dr. F. WOLF / Dr. S. ECKERT / Dr. M. WEISE / Dr. S. LINDAU, Untersuchungen zur Synthese und Anwendung bipolarer Ionenaustauschharze *Vorliegendes Heft*

Einzel- oder Fortsetzungsbestellungen durch eine Buchhandlung erbeten

Sitzungsberichte bis Band 108
durch das Zentralantiquariat der Deutschen Demokratischen Republik, Leipzig,
ab Band 109 durch den Akademie-Verlag, Berlin, zum Teil noch lieferbar

AKADEMIE-VERLAG

DDR - 1080 Berlin, Leipziger Straße 3—4